BEI GRIN MACHT SICH IHR
WISSEN BEZAHLT

- Wir veröffentlichen Ihre Hausarbeit,
  Bachelor- und Masterarbeit

- Ihr eigenes eBook und Buch -
  weltweit in allen wichtigen Shops

- Verdienen Sie an jedem Verkauf

Jetzt bei www.GRIN.com hochladen
und kostenlos publizieren

Ingo Andreä

Energiepolitik und ökologische Strömungen in Frankreich

GRIN Verlag

Bibliografische Information der Deutschen Nationalbibliothek:

Die Deutsche Bibliothek verzeichnet diese Publikation in der Deutschen National-bibliografie; detaillierte bibliografische Daten sind im Internet über http://dnb.d-nb.de/ abrufbar.

Impressum:

Copyright © 2007 GRIN Verlag GmbH
Druck und Bindung: Books on Demand GmbH, Norderstedt Germany
ISBN: 978-3-640-41065-1

Dieses Buch bei GRIN:

http://www.grin.com/de/e-book/132311/energiepolitik-und-oekologische-stroemun-gen-in-frankreich

GRIN - Your knowledge has value

Der GRIN Verlag publiziert seit 1998 wissenschaftliche Arbeiten von Studenten, Hochschullehrern und anderen Akademikern als eBook und gedrucktes Buch. Die Verlagswebsite www.grin.com ist die ideale Plattform zur Veröffentlichung von Hausarbeiten, Abschlussarbeiten, wissenschaftlichen Aufsätzen, Dissertationen und Fachbüchern.

Besuchen Sie uns im Internet:

http://www.grin.com/

http://www.facebook.com/grincom

http://www.twitter.com/grin_com

UᴴH

Universität Hamburg
Institut für Geographie
Übung zur Exkursion „Südfrankreich-Loire- Bretagne"
WS 2006/07

Energiepolitik
und ökologische Strömungen
in Frankreich

Vorgelegt am 12.01.2007

Inhaltsverzeichnis

1 Einleitung..S. 3

2 Die Energiesituation in Frankreich...S. 3

3 Energieangebot in Frankreich..S. 5

4 Energiepolitik – alternative Strömungen...............................S. 7

5 Ökologische Strömungen im Kontext des Regierungskurses...................S. 8

6 Resümee..S. 11

7 Quellenverzeichnis..S. 13

8 Abbildungsverzeichnis...S. 15

1 Einleitung

Die Energiepolitik gehört seit langer Zeit zu den „heiligen Kühen" der einzelnen Nationalstaaten. Energie wird als strategisches und zugleich als volkswirtschaftliches Gut von herausragender Bedeutung betrachtet.[1] Die französische Energiepolitik wird von den meisten Ausstehenden in Europa, insbesondere von der deutschen Bevölkerung, eher kritisch angesehen. Beobachtet man die Energiewirtschaft in Frankreich, so stellt man fest, dass diese durch die staatlichen Interventionsmechanismen stark geprägt wird. Dies hat zur Folge, dass jeglicher Energiewettbewerb stark eingeschränkt wird. Der französische Staat demonstrierte seine Macht im Sommer 2006, als ein deutsches Energieunternehmen einen Teileinstieg in den französischen Energiemarkt erlangen wollte. Die Übernahme wurde durch die EU-Kommission mit hohen Auflagen erreicht und es wurde ein Teileinstieg möglich, aber nur durch die Abgabe des eigenständigen Netzes. Dieses wurde dem Staat bzw. dem staatlich kontrollierten Stromkonzern Électricité de France (EDF) übertragen.

Ein weiteres Beispiel für den staatlichen Protektionismus ist die Gaz de France. Dem Börsengang 2005 sollte eine Marktöffnung folgen, welche die Europäische Union fordert. Aber der Anteil des Staates an diesem Unternehmen liegt bis heute noch bei knapp 80 %. Die Loyalität des Aufsichtsrates und des Vorstandes solcher Energieunternehmen ist dem Staat damit sicher.

Die „question nucléaire" tritt Anfang 1999 eine große Lawine von Unverständnis in Paris los. Das Konfliktpotential bestand und besteht auch noch heute in dem Ausstieg Deutschlands aus der Atomkraft. Für Frankreich ist dies ein unverständlicher Vorgang und nicht nachvollziehbar. Die Ursachen für die unterschiedlichen Auffassungen liegen nicht, wie weitläufig in der Presse publiziert wird, in den Mentalitätsunterschieden, sondern eher in strukturellen Differenzen.

2 Die Energiesituation in Frankreich

Einige wichtige Grundlagen für die Energiesituation in Frankreich sollen im Folgenden kurz vorgestellt werden. Die Bevölkerung Frankreichs mit ca. 65 Mio. Einwohnern macht ~1% der Weltbevölkerung aus. Der Primärenergieverbrauch liegt mit 275 Milliarden Tonnen

---

[1] Steinvorth, Daniel: Deutsch-Französische Energiepolitik im europäischen Kontext. Paris 2005.

Rohöleinheiten mit ~2,5 % vom weltenweiten Gesamtverbrauch etwa so hoch wie der Deutschlands mit 82 Mio. Einwohnern.[2] Frankreichs fossile Reserven machen dabei aber nur 0,01 % (23 MTRÖL) der weltweiten Reserven aus. Frankreich ist somit, ebenso wie Deutschland, auf den Import von Rohstoffen und im besonderen Maße von fossilen Rohstoffen abhängig. Die äußerst begrenzten Brennstoffressourcen machen die Republik abhängig vom globalen Energiemarkt. Die Schwankungen, die sich auf dem Weltmarkt ergeben, würden sich enorm in dem BIP (Bruttoinlandsprodukt) niederschlagen.

Eine weitere Sorge ist der enorme Anteil des CO_2 – Ausstoßes, der durch Verbrennung von den Energierohstoffen ausgeht. Durch die Unterzeichnung des Kyoto- Protokolls dürfen die einzelnen Länder, so auch Frankreich, nicht unbegrenzt CO_2 in die Atmosphäre entlassen.

Die Französische Antwort auf die Marktsituation, d.h. die Abhängigkeit von dem Rohstoffmarkt und der ständig wachsende CO_2 Ausstoß, ist die Atomkraft. Die Behauptung Frankreich sei einer der bedeutenden Produzenten von alternativen Energien kann auch aufrechterhalten werden. Atomkraftwerke produzieren kaum CO_2 und haben damit praktisch keine Emissionen. Der französische Grad der Energieunabhängigkeit liegt bei nahezu 50 %.

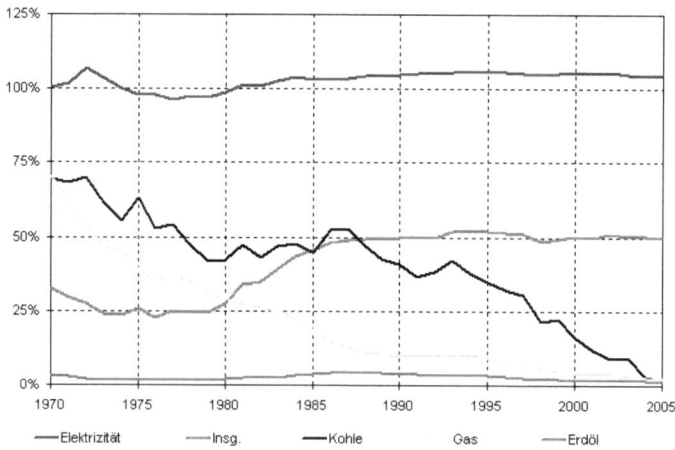

Schaubild 1: Entwicklung des Grads der Energieunabhängigkeit nach Energieträger[3]

Das Schaubild verdeutlicht die differenzierte Unabhängigkeit nach Energieträgern bis einschließlich dem Jahr 2005. Man erkennt die klar die Überproduktion und damit auch den

[2] Ministère de l'Économie des Finances et de l'Industrie: Quelle: http://www.industrie.gouv.fr/cgi-bin/industrie/frame23e_loc.pl?bandeau=/energie/anglais/be_us.htm&gauche=/energie/anglais/me_us.htm&droite=/energie/allemand/accueil.htm. Stand: 04.12.06
[3] Vgl. Ministère de l'Économie des Finances et de l'Industrie. DGEMP.

Export von Elektrizität. Diese lässt sich aus der Fülle von Kernkraftwerken erklären, welche im ganzen Land verteilt sind, besonders in Südfrankreich findet sich eine große Zahl. Auch das über 5 Milliarden Euro teure ITER (*International Thermonuclear Experimental Reactor*) wird, laut dem Vertrag der am 21. November 2006 in Paris unterzeichnet wurde, in Cadarache errichtet. Mit diesem Projekt soll in Zukunft die Energiesituation gelöst werden und die Einfuhr von Öl, Gas, Kohle usw. überflüssig werden. Man darf gespannt sein, wie dieses angepeilte Ziel verwirklicht wird.

3 Energieangebote in Frankreich und deren historische Entwicklung

Nun kommen wir zum bestehenden Energieangebot, welches Frankreich aufgrund der physischen Gegebenheiten zur Verfügung stehen.

Wie schon im Vorwort erwähnt ist, ist Frankreich arm an Energieressourcen, zumindest verglichen mit den anderen europäischen Nachbarländern. Diese verfügen über eine Vielzahl an Energierohstoffe z.B. besitzen Deutschland und Spanien Kohlevorkommen, Großbritannien Erdölfelder, Gas und Kohle, in den Niederlanden oder Norwegen gibt es Gasfelder und die Wasserkraft wird in der Schweiz genutzt usw., die Liste lässt sich beliebig fortführen und erweitern.

Die Kohleproduktion in Frankreich wurde 2004 mit der Schließung des letzten Schachtes im lothringischen Creutzwald völlig eingestellt. Im Jahr 1970 wurden noch über 40 Millionen Tonnen Kohle gefördert. Im Jahr 2003 waren es nicht einmal mehr 10 %.

Bei Lacq, im Pyrenäenvorland, existiert das größte Erdgaslager des Landes, das aber zur nationalen Versorgung der Primärenergie nur etwa 2% beiträgt. Ebenso verhält sich das mit der Erdölförderung. Diese übersteigt kaum mehr als 1,5 Millionen Tonnen (TRÖE) pro Jahr, dieses macht nur knapp 1 % des Primärenergiebedarfs aus.

Die beiden Energierohstoffe spielen für die Versorgungssicherheit kaum eine beachtenswerte Rolle. Sie können somit in der folgenden Betrachtung vernachlässigt werden.

Frankreich nutzt zur Deckung seines Energiebedarfes zwei weitere Energieträger. Einmal werden erneuerbaren Energien und zweitens die Kernenergie genutzt.

In den 1950er Jahren wurden, um die Unabhängigkeit und den wachsenden Energiebedarf der sukzessive prosperierenden Ökonomie entgegenzuwirken, gigantische Staudamm- Projekte entwickelt. Ein besonders beeindruckendes Beispiel ist das Gezeitenwasserkraftwerk bei St. Malo. Das Werk wurde 1966 mit einem Staubeckenvolumen von ~184 Millionen m^3 und 24

Kaplan Turbinen errichtet. Die jährliche Ausbeute beträgt etwas 500- 600 Millionen Kilowattstunden (dies entspricht in etwa 3% des Strombedarfs der Bretagne).[4]

Das Atomenergieprogramm wurde in den 1970er Jahren lanciert und umfasst heute 59 Kernkraftwerke, die sich in Betrieb befinden und deren Nettoleistung mit 63.363 Megawatt (siehe im Abbildungsverzeichnis Abb.1) angeben wird.[5] Diese Leistung reicht aus, um den gesamten Strombedarf des eigenen Landes abzudecken und noch größere Mengen zu exportieren. Deutsche Energieversorger kaufen den in Frankreich produzierten Strom, um so die Netzwerksstabilität zu gewährleisten und die Spitzen der Stromabnahme in Deutschland zu decken.

In Deutschland kennt man die Abneigung gegen die „saubere" Kernenergie. Aber in Frankreich wird diese Errungenschaft nie oder nur teilweise von Einzelnen in Frage gestellt. Weder zu Zeiten von Tschernobyl noch die verschiedenen wechselnden Regierungen änderten etwas an dem Nuklearprogramm und die Forcierung des Atomsstroms weltweit. Zu den 59 bestehenden Anlagen werden neue Reaktoren geplant. Nach Finnland will auch Frankreich einige seiner knapp 60 AKW´s durch die dritte Generation der Werke ersetzen. Die dritte Generation heißt EPR (European Pressurized Water Reactor – Europäischer Druckwasserreaktor) und wurde in Kooperation von FRAMATOM/ANP und SIEMENS gemeinsam auf der Grundlage des Typs Konvoi (Siemens) und N4 (Framatome) entwickelt. Die wichtigsten Leistungsmerkmale sind: ca. 1600 MW elektrische Leistung (alte AKW`s liegen zwischen 800 MW und 1500 MW), der elektrische. Wirkungsgrad liegt bei 36% [Verhältnis von elektrischer Energie als Output zur eingesetzten Primärenergie als Input] wobei frühere Anlagen einen Wirkungsgrad von 34-35% laut Hersteller erreichen. Im Vergleich dazu liegt der Wirkungsgrad von Braunkohlekraftwerke bei 43%, Steinkohlekraftwerke bei 48% oder Gas-/ Dampfkraftwerke bei 58%. Diese Kernkraftsanlagen können also, so wie es die französischen Regierung verlautbaren lässt, nicht verringert werden.[6]

---

[4]Eigene Arbeit: Energiegewinnung aus dem Meer – Wasserkraftwerke. Unveröffentlichte Arbeit 2006.

[5] Informationskreis Kernenergie
http://www.kernenergie.de/informationskreis/de/wissen/kernkraftwerksstandorte/kkweuropa.php: Letzter Zugriff 10.01.2007.
[6] Siemens Pressemitteilung: Energieeffizienz – mehr mit weniger erreichen. Unser Beitrag zum Umweltschutz, zur Energieeinsparung und zur Kostensenkung. Herausgegeben von Siemens AG. München, Oktober 2006. Einsehbar im Internet unter:
http://www.siemens.com/Daten/siecom/HQ/CC/Internet/About_Us/WORKAREA/about_ed/templatedata/Deutsc h/file/binary/Energieeffizienz_de_1411789.pdf. Letzter Zugriff: 10.01.2007.

Frankreich verfügt über die zweitgrößte Anzahl an Kernkraftwerken weltweit und produziert mit seinen 59 Reaktoren nahezu 80% seiner eigenen Stromnachfrage aus Kernenergie. Knapp ein Viertel (rund 77 TWh) seiner Stromproduktion exportiert es. Aufgrund des Ausbaus der Kernenergie in Frankreich kann das Land den Primärenergieimport aus dem Ausland auf die Hälfte der Gesamtnachfrage reduzieren. Obwohl der Energiebedarf gestiegen ist und die Zechen stillgelegt wurden konnte die Energieproduktion praktisch vervierfacht werden.

4 Energiepolitik – alternative Strömungen

Auch in Frankreich gibt es bezüglich der Atomenergie kritische Stimmen, die den Ausstieg fordern. Die Stichworte „énergie nucléaire" und „sortir du nucléaire" bieten über die verschiedenen Suchverzeichnisse eine Vielzahl an Aktivitäten von Umweltorganisationen und ökologischen Interessensgruppen, die in Frankreich aktiv sind und den Widerstand gegen den Kurs der Chirac Politik formieren. In jeder Region Frankreichs gibt es über 30 Gruppen, die den Ausstieg aus der Atompolitik fordern.

Die Argumente der Kernkraftgegner und die Mittel, mit denen sie einen Ausstieg erreichen wollen, werden im Folgenden näher erläutert.

Im Allgemeinen umfassen die Argumente drei wesentliche Punkte, die hier mit einigen zusätzlichen Informationen ergänzt werden:

1. Die mögliche Gefahr eines Super GAU's (als Beispiel wird der 1986 in Tschernobyl angeführt). Die vielen kleinen und schweren Zwischen- bzw. Störfälle, die während des laufenden Betriebes stattgefunden haben, werden zur Argumentation herangezogen. Der aktuellste Fall, der uns noch im Gedächtnis haften blieb, ist der schwere Störfall im schwedischen AKW in Forsmark[7]. Dieser fand statt, obwohl eine Überholung der Technik im Betriebsjahr 2003 durch einen der Weltmarktführer der Wartungsbetriebe der Kraftwerkstechnik durchgeführt wurde.[8] Dies mache deutlich, dass die Technik von Kernkraftwerken nicht annähernd beherrscht werden kann.

[7] http://www.sueddeutsche.de/ausland/artikel/501/83418/ Letzter Zugriff: 10.01.2007
[8] Siemens PR Power Generation: Verfügbar unter: http://www.innovations-report.de/html/berichte/energie_elektrotechnik/bericht-32881.html . Letzter Zugriff: 10.01.2007

2. Das nächste große Problem, welches die Umweltaktivisten sehen, ist die Endlagerungsproblematik. Die radioaktiven Abfälle sind das größte Problem der zivilen Kernkraftnutzung. Ein KKW mit einer Leistung von 1000 MW produziert jährlich ca. 4 m³ hoch radioaktiven Abfall und 400m³ schwach radioaktiven Abfall. So entstehen in Frankreich über 1200 Tonnen verstrahlte Abfälle, die sicher gelagert werden müssen. Aber die Fragen nach der Sicherungsverwahrung, z.b. in einen Stollen oder ähnlichen Orten, sind nicht beantwortet. Der Atommüllberg wächst jährlich in enormen Mengen weiter und muss zwischengelagert werden.

Die Diskussion über die Wideraufbereitung in La Hague und die Endlagerung sind durch die franz. Regierung bzw. deren Nationalparlament noch nicht abschließend bewertet worden. Darüber hinaus gibt es überhaupt keine abschließende Lösung, nicht einmal annähernd. Dies macht die Situation für die Umweltorganisationen noch unerträglicher.

3. Beim dritten Hauptargument handelt es sich um die absolute Abschaffung der Kernkraft und deren Ersetzung durch alternative, erneuerbare Energieformen. Die Umweltschützer entwickeln Perspektiven und Lösungsvorschläge, welche die Kernenergie überflüssig machen und zur einer saubereren, besseren Energiegewinnung führen sollen. Das Argument der „sauberen" Energiegewinnung hat sich die franz. Regierung auch auf ihre Fahnen geschrieben, allerdings mit umgekehrter Argumentation, denn die Atomkraft entlässt nur geringe Mengen CO_2 in die Atmosphäre.

5 Ökologische Strömungen im Kontext des Regierungskurses

Es gibt in Frankreich auch ökologische Strömungen, die sich konform zu dem Regierungskurs entwickelt haben.

Die Kernkraft soll, im Sinne der Alternativengruppen, durch den verstärkten Import von Erdgas ersetzt werden. Weiterhin soll im Verlauf der nächsten Dekade Nutzung der Wind- und Sonnenenergie ausgebaut werden. Und damit Teile der Kernkraft ersetzen. Zusätzlich soll in etwa ein Viertel (120 Milliarden kWh pro Anno)[9] der Strom- und Energiemenge durch effizientere Nutzung eingespart werden. Diese sehr optimistischen Vorstellungen können natürlich schnell von der Kernkraftlobby entkräftet werden, denn diese Vorstellungen gehören eher in das Reich der Phantasie und weniger in die Realität. Wie oben im dritten Punkt schon beschrieben, ist die Nutzung von Kernenergie umweltfreundlich und eine saubere Form der

---

[9] Bovet, Philippe: Canicule, médias et energies renouvelables. In Le Monde diplomatique. Paris 2004.

Gewinnung von Strom. Durch die „Sauberkeit" der Atomkraft ist Frankreich pro Kopf auch das Industrieland mit dem geringsten Ausstoß von CO_2 (1,6 Tonnen pro Einwohner).[10] Mit dem geforderten Ersatz von Atomkraft durch Erdgas wird der Treibhauseffekt eher verstärkt und die Belastung für Mensch und Natur steigt.[11] Obwohl die technischen Möglichkeiten heute sehr ausgereift sind und die Stromproduktion als auch die Heizkraft durch Verbrennung von Gas optimiert wurden.

Die Regierung hat sich auch einige Argumente der Aktivisten zu Eigen gemacht, um die Popularität der Kritiker zu entkräften. Das Argument des Klimawandels und das Kyoto-Protokoll wurde in dieser Arbeit schon erwähnt. Daraus resultierend hat sich die Regierung die Förderung von erneuerbaren Energieträgern (EE) und Energieeinsparungen als Programm auferlegt. Die erneuerbaren Energien sollen mit Hilfe von einigen Programmen gefördert werden. Diese sehen vor, dass die EDF Elektrizität aus EE abnehmen muss und dadurch den EE Sparten Auftrieb verleihen werden. Die systematische Abnahmeverpflichtung trug dazu bei, dass die erneuerbare Energieindustrie in Frankreich Fuß fassen konnte. Es gab Ausschreibungen für neue Kraftwerke, welche durch Produktinnovationen helfen sollten, Marktreife und Marktfähigkeit zu erlangen.

Die letzte Förderung, die in Kraft getreten ist, ist die der Steuervergünstigungen. Diese Maßnahme förderte die Sonnenenergie für Wärme oder Warmwasser in den jeweiligen Haushalten. Damit wurde über 100.000 m^2 Photovoltaikflächen neu aufgestellt. Auch die Holzbefeuerung wurde gefördert, diese Art der Biomassenutzung ist traditionell die Erfolgreichste (siehe Abbildung 2).

Die Energieeinsparungen wurden durch monetäre Anreize durchgeführt. Dies geschah durch Steuergutschriften auf neu installierte Anlagen. Diese Steuervergünstigungssätze wurden im Jahr 2005 teilweise drastisch angehoben. Wenn man die Steuervergünstigungssätze differenziert betrachtet, sieht die Steuergutschriftenanhebung wie folgt aus:

- für Anlagen zur Energieerzeugung, die eine erneuerbare Energiequelle verwenden, und für bestimmte Wärmepumpen ; von 40 % auf 50 %
- für Kondensationsheizkessel und Materialien zur Wärmedämmung unter bestimmten Voraussetzungen. von 25 % auf 40 %

Ab 2006 wurden auch in Frankreich die Energieeinsparungszertifikate eingeführt. „*Diese Zertifikate beruhen auf dem Grundsatz, dass die Anbieter von Energie (Elektrizität, Gas, Wärme, Kälte und Heizöl) zur Erfüllung der von der öffentlichen Hand für einen bestimmten*

---

[10] Ministère de l'Économie des Finances et de l'Industrie. Die Energiesituation in Frankreich. http://www.industrie.gouv.fr/cgi-bin/industrie/frame0.pl?url=/energie/sommaire.htm. Letzter Zugriff: 10.01.2007.
[11] DGEMP: Les avantage du nucléaire en France. Paris 2004. http://www.industrie.gouv.fr/energie/nucleair/epr_1_2.htm Letzter Zugriff: 10.01.2007

Zeitraum vorgegebenen Energieeinsparungen verpflichtet sind. Für den Zeitraum vom 1. Juli 2006 bis 30. Juni 2009 wurden 54 TWh als Einsparungsziel festgelegt."[12]

Man erkennt schon, dass die amtierende Regierung sich nicht der Bevölkerung und der Energiepolitik der Europäischen Union völlig verschließt. Sie arrangiert sich für die Ziele der europäischen Union und des Kyoto- Protokolls. Aber das Arrangement in Wasserkraft, Meereskraft, Photovoltaik, Biomasse, Geothermie usw. ist nicht völlig ausgeschöpft. Das Festhalten des Kurses aus den 1970er Jahren zeigt schon den vorhandenen Starrsinn der vorherrschenden Politik. Die Wasserkraftwerke, wie sie derzeit existieren, sind nicht mehr ausreichend und sogar kontraproduktiv. Die einzelnen Umweltbeeinträchtigungen werden in den seltensten Fällen begutachtet. Damit begeht man wieder einen großen Fehler, denn einerseits soll die Umwelt geschont werden, andererseits werden Lebensräume von Tieren oder gar Biotope zerstört.

Die Wasserkraft spielt mit einem Anteil von 28% an den erneuerbaren Energien eine wesentliche Rolle. Damit sind einige konventionelle Kraftwerke überflüssig und können somit einen Teil zur gesünderen und nachhaltigeren Umweltpolitik beitragen. Die Holzbefeuerung (58%) dominiert beim Verbrauch von EE. Die Kaminheizung für eine wohlige Wärme ist in Frankreich seit je her populärer als in Deutschland. In Deutschland blüht der Trend erst heutzutage mit den steigenden Energiekosten auf. Die sonstigen EE wie Windkraft, Sonne, Biogas, Biobenzin/ Biodiesel, Wärmepumpen haben nur eine untergeordnete Rolle im Gesamtverbrauch der erneuerbaren Energien. Der Anteil der alternativen Energien an dem Primärenergieverbrauch liegt unter 10 % (vergleiche Abb. 3). An dieser Stelle sollte man auch erwähnen, dass aus dem Energiemix keine Steigerung der Quote der EE seit 1973 zu erkennen ist. Nur der Import von Erdöl wurde durch die Kernenergie zum Teil ersetzt.[13] Dies hat zur Folge, dass die Importquote für Energie nur bei 50% liegt [der OECD Schnitt liegt bei knapp 73%].

Wenn man nun all diese Daten im Gesamtkontext betrachtet, stellt man fest, dass die Regierung bemüht ist auch auf die Forderung der nachhaltigen Energiepolitik der Bevölkerung einzugehen und gleichzeitig die Importabhängigkeit gering zu halten. Dieser Regierungskurs wird sich auch in den nächsten Jahren kaum ändern. Nur die alternativen Energien werden, durch Protestaktionen und Demonstrationen, die ja in Frankreich eine Kultur sind, weiter ausgebaut und einen größeren Stellenwert einnehmen. Die Abhängigkeit vom Weltmarkt soll weiter verringert werden und durch die eigene Produktion ersetzt werden.

---

[12] Ebenda Ministère de l'Économie.
[13] Vergleich Abb. 4 „ Energiemix in Frankreich zw. 1973 und 2004.

Dass dies der richtige Kurs für die Einwohner ist, sieht man an den ständig steigenden Preise und die zunehmende Erpressbarkeit durch die Lieferanten von Rohstoffen. Auch Kriegsverläufe, weitere Globalisierung, Chinas griff zur „Weltproduktionsstätte" und andere exogene Prozesse, die den Weltmarkt erschüttern und damit das Angebot verknappen, verdeutlichen, dass Paris die Unzufriedenheit der Bevölkerung nur durch moderate Preise in den Griff bekommt. Darin ist wohl auch einer der Hauptgründe zu finden, warum die Regierung diese Energiepolitik führt. Die Umweltverbände sind nur schwach wahrzunehmen, zumindest im Ausland. Die vielschichtigen Probleme mit Migration usw. machen den Umweltorganisationen das Leben schwer. Nur wenn es einem gut geht, kann und wird man sich mit der Umwelt beschäftigen. Umweltverbände brauchen die Zuhörer und Aktivisten, welche aber nur schwer zu Mobilisieren sind, wenn es andere Probleme gibt und darüber hinaus die Zentralregierung viele ökologische Themen aufgreift und durchführt.

6 Resümee

Die Energiepolitik ist in Frankreich doch sehr differenziert und genauso wie in Deutschland sehr schwierig und nie ohne Kompromisse zu erreichen. Das Konfliktpotenzial zwischen den großen Ländern der Europäischen Union zur Frage der Kernkraft ist hauptsächlich ein strukturelles Problem und weniger ein Mentalitätsproblem. Die Vorraussetzungen, also die Rohstoffvorkommen, sind nicht gleichmäßig auf dem Kontinent verteilt. Frankreich besitzt kaum Rohstoffreserven und daraus ergibt sich ein Umdenken in der Energiepolitik, um nicht in eine absolute Importabhängigkeit zu verfallen. Dieses Umdenken ist ein Prozess, der sich in Frankreich schon seit den fünfziger Jahren entwickelt. Die Stauseen und Staustufen, die für die zunehmende Nachfrage errichtet wurden, liegen an den ausgeprägten Flusssystemen des Landes. Die Umweltfolgen wurden in der Mitte des 20. Jahrhunderts nicht bzw. nur im geringen Umfang bedacht. Dieser Weg ist für damalige Verhältnisse revolutionär. In den 1970er Jahren kam der Umbruch. Die Kernenergie wurde auf die langfristige Agenda geschrieben. Das diese Politik bis heute kein Auslaufmodell ist, wurde im Verlauf der Arbeit deutlich. Die Förderung der Kernenergie führte dazu, dass Frankreich der größte Kernenergieproduzent in Europa und zweitgrößter weltweit, hinter den Vereinigten Staaten, ist. Gleichzeitig ist Frankreich auch einer der wichtigsten Produzenten von erneuerbaren Energien ins Europa. Auch bei den CO_2 - Emissionen (Emission aufgrund von Energieverbrennung) nimmt, dank der Kernkraft, Frankreich eine Vorreiterrolle ein. Der pro Kopf Verbrauch und die aus der produzierten Wirtschaftsleistung erfolgten Emissionen sind geringer als der OECD-Durchschnitt und auch geringer als der in Deutschland. Obwohl Deutschland in Punkto erneuerbare Energien eine Vorreiterrolle in der Welt spielt.

All dies macht deutlich das Frankreich in der Energiepolitik und in den ökologischen Fortschritten einen anderen Weg einschlägt, aber durchaus keinen schlechteren.

7 Quellenverzeichnis:

Bovet, Philippe: Canicule, médias et energies renouvelables. In Le Monde diplomatique. Paris 2004.

Steinvorth, Daniel: Deutsch-Französische Energiepolitik im europäischen Kontext. Paris 2005.

Internetquellen:

Informationskreis Kernenergie
http://www.kernenergie.de/informationskreis/de/wissen/kernkraftwerksstandorte/kkweuropa.p
hp: Letzter Zugriff 10.01.2007.

Ministère de l'Économie des Finances et de l'Industrie:
http://www.industrie.gouv.fr/cgibin/industrie/frame23e_loc.pl?bandeau=/energie/anglais/be_u
s.htm&gauche=/energie/anglais/me_us.htm&droite=/energie/allemand/accueil.htm.
Stand: 04.12.06.

Ministère de l'Économie des Finances et de l'Industrie:
http://www.industrie.gouv.fr/cgi-bin/industrie/frame0.pl?url=/energie/sommaire.htm
Letzter Zugriff 10.01.2007.

Siemens Pressemitteilung: Energieeffizienz – mehr mit weniger erreichen. Unser Beitrag zum Umweltschutz, zur Energieeinsparung und zur Kostensenkung. Herausgegeben von Siemens AG. München, Oktober 2006.
Einsehbar im Internet unter:
http://www.siemens.com/Daten/siecom/HQ/CC/Internet/About_Us/WORKAREA/about_ed/t
emplatedata/Deutsch/file/binary/Energieeffizienz_de_1411789.pdf.
Letzter Zugriff: 10.01.2007.

Siemens PR Power Generation: Verfügbar unter: http://www.innovations-
report.de/html/berichte/energie_elektrotechnik/bericht-32881.html .
Letzter Zugriff: 10.01.2007

Süddeutsche Zeitung:

http://www.sueddeutsche.de/ausland/artikel/501/83418/

Letzter Zugriff: 10.01.2007

8 Abbildungsverzeichnis:

Abbildung 1:

RÉPUBLIQUE FRANÇAISE

Les sites nucléaires en France : situation au 1. 10. 2006

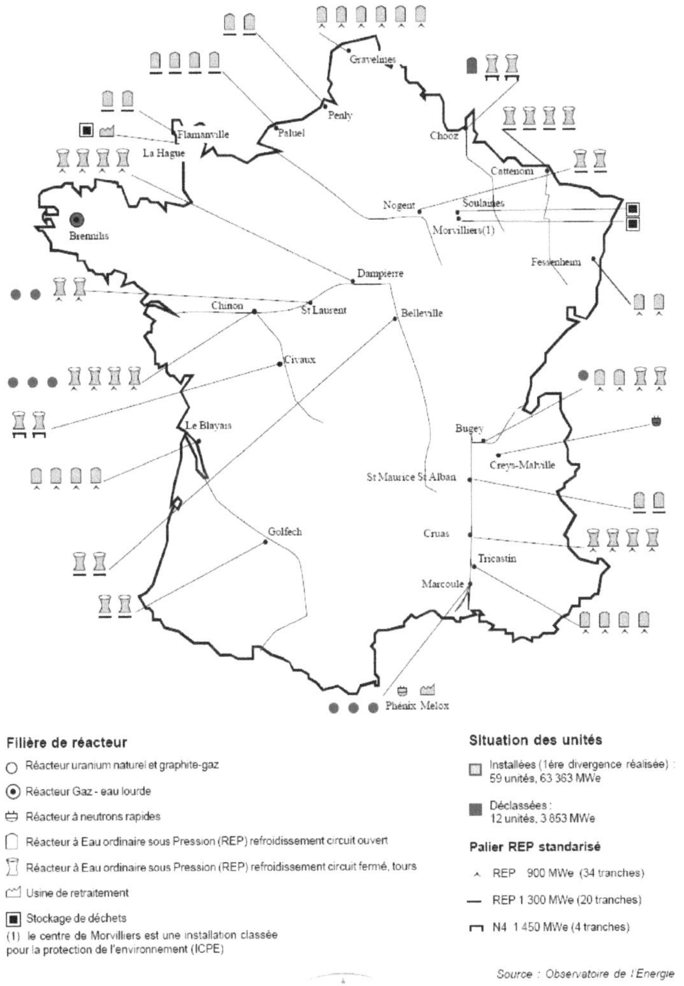

Quelle: Ministère de l'Économie des Finances et de l'Industrie

Abbildung 2: Beim Verbrauch EE dominieren die Holzfeuerung und die Wasserkraft

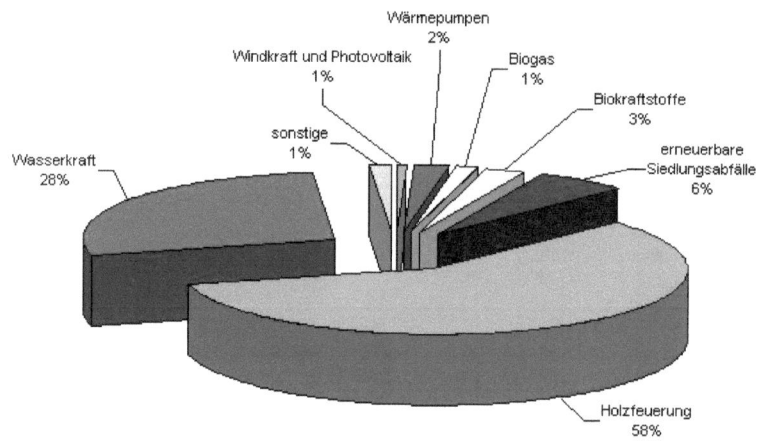

Aufteilung des Verbrauchs erneuerbarer Energien in Frankreich (2005)

Abbildung 3:

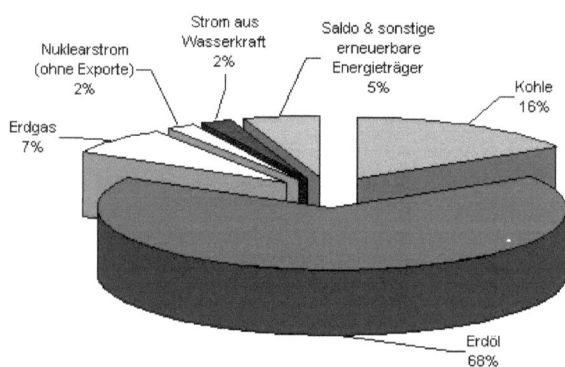

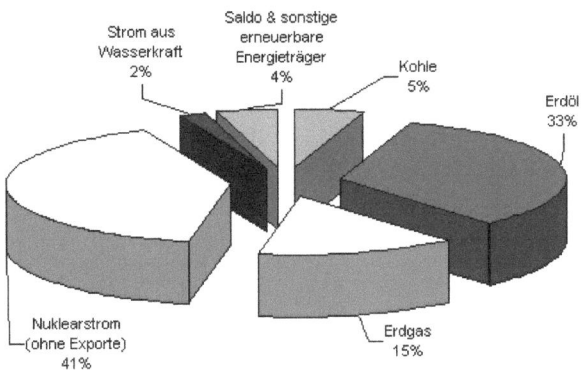

2004 (275 MTRÖE)

Strom aus
Wasserkraft
2%

Saldo & sonstige
erneuerbare
Energieträger
4%

Kohle
5%

Erdöl
33%

Nuklearstrom
(ohne Exporte)
41%

Erdgas
15%

Energiemix in Frankreich zwischen 1973 und 2004

Quelle: Direction Générale de l'Énergie et des Matières Premières (DGEMP – Generaldirektion Energie und Rohstoffe) / Ministère de l'Économie des Finances et de l'Industrie.